Sitzungsberichte
der Akademie der Wissenschaften
der DDR
Mathematik – Naturwissenschaften – Technik

12 N

1989

Dem Wirken Peter A. Thiessen' gewidmet

AKADEMIE-VERLAG BERLIN

Sitzungsberichte
der Akademie der Wissenschaften
der DDR
Mathematik–Naturwissenschaften–Technik

Jahrgang 1989 · Nr. 12/N

Dem Wirken Peter A. Thiessen' gewidmet

AKADEMIE-VERLAG BERLIN
1989

Laudatio zum 90. Geburtstag von
Peter A. Thiessen, Ordentliches Mitglied
der Akademie der Wissenschaften der DDR,
in der Sitzung der Klasse Chemie der AdW
am 13. April 1989
Glückwunschadresse der Akademie der Wissenschaften der DDR vom 29. Juni 1989

Herausgegeben im Auftrage
des Präsidenten der Akademie
der Wissenschaften der DDR
von Vizepräsident Prof. Dr. Hans-Heinz Emons

ISBN 3-05-500 822 7
ISSN 0138-3965
Erschienen im Akademie-Verlag Berlin, Leipziger Straße 3–4, DDR-1086

Lizenznummern: 202 · 100/312/90
Printed in the German Democratic Republic
Gesamtherstellung: VEB Druckhaus Köthen
LSV 1215
Bestellnummer: 764 129 4 (2010/89/12/N)
00300

Hermann Klare

P. A. Thiessen zum 90. Geburtstag

Lieber Peter Thiessen, verehrte Frau Christine, liebe Angehörige der Familie Thiessen, meine Damen und Herren!

Es bereitet mir – ebenso wie vor 5 und vor 10 Jahren – aufrichtige Freude und Vergnügen, lieber Peter Thiessen, daß ich gebeten wurde, aus Anlaß Deines 90. Geburtstages die Laudatio zu sprechen. Ich verhehle aber nicht, daß mir dieses Unterfangen einige Sorgen bereitete, weil ich fast zwangsläufig Gefahr laufe, mich zu wiederholen, oder manches noch einmal zu sagen, was aus ähnlichem Anlaß bereits an anderer Stelle gesagt wurde. Wir sind jedenfalls glücklich darüber, Dich, wie Du selbst es ausdrücktest, nun als „Festkörper" unter uns zu haben, nachdem Du Dich annähernd die letzten 20 Jahre mit Festkörper befaßt hast.

G. B. Shaw sagte oder schrieb einmal: „Wenn auf dieser Welt ein Mensch irgend etwas sagen will, so besteht die Schwierigkeit nicht darin, daß man es ihn sagen läßt, sondern darin, ihn zu hindern, daß er es all zu oft sagt". Was mache ich, was sage ich also, um nunmehr nicht in die eben erwähnten Wiederholungen Deiner Lebensdaten, Tätigkeiten und Leistungen zu verfallen? Ich werde diesmal nichts (oder besser fast nichts) sagen über Deine schönen Göttinger Jahre von 1922–1932, nichts über Deine Lehrer Zsigmondy und Tammann, nichts über die Zeit in Dahlem, und ich werde auch nicht berichten von Deinen Arbeiten über Seifenmizellen, über Gold-Kolloide, über die Doppelbrechung im gedehnten Kautschuk, nichts über Strukturuntersuchungen an Polymeren, nichts über die von Kratky ausdrücklich betonte, von Dir stammende prägnante Definition für die Zellulosemizelle etc.; ich werde auch nichts mehr erwähnen von Deinen schönen Arbeiten im Institut für physikalische Chemie – vulgo „Peter Adolf Gedächtniskirche" – und im „Adlershofer Altenteil" über das Wesen und Wirken der zwischenmolekularen Kräfte bei gezielten Stoffwandlungen, von der „Chemie auf neuen Wegen". Ich werde aber jetzt noch A. Einstein zitieren, weil das, was er einmal sagte, auf Dein Verhalten, so meine ich, und auf Deine Leistungen zutrifft: „Das schönste Erlebnis, das wir haben können, ist das Geheimnisvolle, das Rätselhafte. Das ist die wesentliche Erregung, die an der

Wiege wahrhaftiger Kunst und wirklicher Wissenschaft steht. Wer immer das nicht begriffen hat und sich nicht mehr wundern kann, ist so gut wie tot".[1] Das noch Geheimnisvolle in Deiner Wissenschaft hat Dich stets gereizt und angelockt, Du hast seine Emotionen begriffen und Du konntest Dich wundern; denn so Peter Thiessen:

„Die Fähigkeiten der Menschen, zu erkennen und zu gestalten, sind unerschöpflich, sind unbegrenzt. Das Potential des gesellschaftlichen Fortschritts ist unerschöpflich".[2]

Meine Damen und Herren!

Das Ansehen und die Leistungen einer Akademie der Wissenschaften sind die Summe des internationalen Ansehens und der wissenschaftlichen Leistungen ihrer Mitglieder und Mitarbeiter. Das ist keine sehr neue und auch keine umwerfende Erkenntnis; aber ich will auch auf etwas anderes hinaus, das wir m. E. neben dieser verallgemeinerten Feststellung nicht übersehen sollten.

Von Novalis[3] stammt der Satz: „Eine Anekdote ist ein historisches Element", und da eine Laudatio zweifellos historische Elemente des zu Lobenden enthalten muß, möchte ich heute einmal Novalis Aussage berücksichtigen; denn von Dir, lieber Peter, gibt es viele unschätzbar schöne Anekdoten, die des Bewahrens wert sind und die selbst der Würde einer Laudatio nur zum Guten gereichen können. –

Ich muß nun doch noch einmal zurück nach Göttingen und das war so: Kurz nach dem Diplom (in Göttingen) taten sich 3 junge Wissenschaftler zusammen und beschäftigten sich in ihrer Freizeit mit dem Glaskörper des Auges. Als die Arbeiten einigermaßen abgeschlossen waren, wurden sie den großen Lehrern Zsigmondy und Tammann vorgelegt. Darauf verfügte Geheimrat Tammann, daß P. A. Thiessen über diese Arbeit in dem berühmten Sonnabend-Kolloquium vorträgt.

Es war ein glühend heißer Tag, der junge P. A. Thiessen reichlich aufgeregt. Plötzlich unterbrach Tammann ihn und erklärte, überhaupt nichts verstanden zu haben. Daraufhin entgegnete Thiessen in seiner Herzensangst: „das, Herr Geheimrat, muß nicht unbedingt an mir gelegen haben". Er hatte nämlich von seinem großen Lehrer gelernt, seine Meinung zu vertreten. Hier war eine Gelegenheit. Professor Zsigmondy, bekannt für seine Bescheidenheit und Zurückhaltung, bekam bei dieser Antwort einen riesigen

---

1 Naturwiss. 75 (1988) 1
2 Forum 3/79, S. 14 ff
3 Novalis, Dichtungen und Prosa, Leipzig 1975, S. 519

Schrecken; übrigens verständlich für alle, die Tammann kannten. Kein Mensch konnte also voraussagen, wie Tammann reagieren würde; aber zum Erstaunen aller, erklärte Tammann, „nun Freundchen, das wird es sein, die Hitze hat mich besiegt, nun erklären sie es ‚dem Alten' noch einmal".

Ich weiß nicht, wieviel von Ihnen wissen, daß Peter Thiessen, was seine Zuwahl zur Akademie betrifft, eines oder sogar das älteste Ordentliche Mitglied ist. Er war mit 39 Jahren zur Wahl als OM in die damalige Preussische Akademie vorgeschlagen worden; aber die Riege der alten Akademiemitglieder hegte erhebliche Bedenken wegen der Jugend des Kandidaten. Da wurde es plötzlich F. Sauerbruch zuviel des Guten und er erklärte kurz und bündig: „Meine Herren, alt wird dieser Thiessen von ganz allein". Heute können wir zu unserer Freude feststellen, wie recht der „große Ferdinand" behalten sollte.

Mit knapp 36 Jahren wurde P. A. Thiessen zum Direktor des Kaiser-Wilhelm-Instituts für Physikalische Chemie berufen. Er hatte ein jugendliches Aussehen, und er war schließlich ja noch jung an Jahren. Eines Tages besuchte ihn ein namhafter Industrieller, der ihn noch nicht persönlich kannte. Die Sekretärin führte den Gast ins Labor und Thiessen begann sofort in medias res zu gehen. Der Gast wurde sichtlich unruhig und erklärte, dieses Gespräch für sehr interessant, er möchte aber Prof. Thiessen sprechen. Daraufhin entgegnete P. Thiessen, daß er „mit ihm identisch" wäre.

Das als erste Kostproben, und nun ein Sprung in's Jahr 1945. Damals im Herbst ging, wie wir alle wissen, P. Thiessen in die UdSSR, zusammen mit einer Gruppe von Deutschen, die an der Seite sowjetischer Forscher und Techniker die schleunige Entwicklung der Kerntechnik in der SU bearbeiteten. „In dieser Zeit", so sagte Peter Thiessen 1958, „war ich vor die Notwendigkeit gestellt, im Rahmen der mir anvertrauten Tätigkeit einen großen Teil der Handgriffe zum ersten Mal selbst zu erproben und auszuführen. Weiterhin war es notwendig, alle diejenigen Handgriffe, die sich während des Ausbaues der Technologie ergaben, und die von anderen vorgegeben waren, nicht nur einmal, sondern wiederholt und so oft durchzuführen, daß es mir möglich gewesen ist, im Laufe der Zeit vom Labortisch bis zur Massenproduktion jeden Arbeitsschritt selbst zu betreiben. Ich war sicher in dieser Zeit schwärzer, als es viele Chemiker im Laufe ihres Lebens werden". Oder wie es Max Steenbeck beschrieb:

„Eine für uns andere deutlich sichtbare Zeit hindurch waren alle Mitarbeiter der Gruppe Thiessen daran zu erkennen, daß sie wie die Schornsteinfeger herumliefen. Sie waren durch Nickel-Carbonyl eindeutig markiert".[1] Peter Thiessen war stets ein Vertreter des Leibniz'schen Wahlspruchs: „Theoriam cum praxi", oder in seiner „Auslegung": „Jeder Chemiker, ob er als For-

---

[1] M. Steenbeck, Festansprache zum 65. Geburtstag P. A. Thiessen

scher oder als Techniker wissenschaftlich tätig ist oder in irgendeiner Art der Produktion verbunden ist, muß sich bemühen um die Bewältigung der Tagesfragen, und er muß für die Entwicklungsarbeit der kommenden Zeit zur Verfügung stehen. Einen wissenschaftlichen Purismus derart, daß irgendein Institut sich zu gut dünkt, sich mit der Verbindung der Forschung mit der Praxis zu befassen, darf es ebensowenig geben, wie etwa einen sektiererischen Puritanismus von der anderen Seite". Das wurde 1958 ausgesprochen, und es ist heute mehr denn je akut.[5]

P. A. Thiessen war 1957 maßgeblich an der Gründung der Forschungsgemeinschaft der naturwissenschaftlichen, technischen und medizinischen Institute der AdW beteiligt; im gleichen Jahr wurde er auch Vorsitzender des neu berufenen Forschungsrates der DDR und 1960 Mitglied des Staatsrates. Damals wurde, das sollten wir nicht vergessen, zum ersten Male in dieser Form in einem Teil Deutschlands das Prinzip der Selbstverantwortung der Wissenschaft für die wissenschaftliche Forschungsarbeit, für ihre Entwicklung und für ihre friedliche Verwendung verwirklicht, eine Methode, die sich – den jeweiligen Erfordernissen der Wissenschaftsorganisation und der technischen Entwicklung anpassend – bis auf den heutigen Tag bewährt hat. Natürlich schloß und schließt das o. g. Prinzip nicht aus, daß von Seiten der Partei und Regierung Forderungen an die Wissenschaft und Forschung gestellt werden. Als Vorsitzender oder, wie er sich auch gerne bezeichnete, als Sprecher des Forschungsrates, hat P. A. Thiessen darüber 1958 folgendes gesagt[5]: „In welchem Umfang müssen wir uns zu den Problemen unserer Zeit stellen? Wir dürfen ihnen nicht ausweichen. Wir müssen den Meinungsstreit bestehen, nicht nur in unseren Reihen ...

Diskussionen sind nicht immer angenehm, sie können sehr schmerzhaft sein. Ich will nicht von mir behaupten, daß ich besonders glücklich bin, wenn ich mit Recht in einer Diskussion heftig angefallen werde. Das freut niemanden. Aber es gilt eine einfache Regel, mit der man diesem Unbehagen begegnen sollte. Man muß sich darüber freuen, denn diese Empfindlichkeit zeigt, daß eine schwache Stelle getroffen worden ist ... Ebensowenig, wie wir unseren wissenschaftlichen Diskussionen ausweichen dürfen, dürfen wir dem Meinungsstreit mit unserer Umwelt über die gemeinsamen gesellschaftlichen Lebensgrundlagen ausweichen ... Als Naturwissenschaftler und Techniker dürfen wir, und wenn wir uns noch so über Mißverstehen ärgern, niemals den Posten verlassen. Wir dürfen nicht resignieren ... Wer etwas wirklich besser weiß und objektiv belegen kann, ist verpflichtet, diese Meinung zum allgemeinen Besten unerbittlich zu vertreten. Eine echte, solide begründete Argumentation ist für Naturwissenschaftler immer möglich. Zu dieser Argumentation haben wir nicht nur das Recht, sondern die Pflicht".[5]

Diese und andere Sätze P. A. Thiessens stehen in seiner Ansprache wäh-

---

[5] Chemiekonferenz des ZK; 3./4. XI. 1958, S. 176, 184

rend der Chemiekonferenz des ZK der SED in Leuna im Jahre 1958. Diese Konferenz und das Arbeitsprogramm wurden und werden heute nicht selten etwas belächelt, wie ich meine zu Unrecht; denn hier gilt in Abwandlung eines Verses von Eugen Roth über die Paulus-Briefe: „Es steht nebst etwas Schiefem viel Richtiges in den Hirtenbriefen".

Nicht nur ich selbst denke mit Freude und Genugtuung an diese Jahre des Forschungsrates unter Thiessens Vorsitz zurück, als er u. a. die Chemiker ermahnte: „Ausgebildet werden Chemiker auf den Hoch- und Fachschulen; gebildet werden sie ausschließlich bei der Ausübung der Chemie ... Es gibt keinen anderen Weg, chemische Bildung geht nur über Übung und Ausübung, nicht durch reines Lehren und Lernen".[5] Damals wandte er sich auch entschieden gegen eine im Chemieprogramm formulierte Anordnung, gemäß der Impulse und Richtung der Forschungsarbeiten in den Instituten der Hochschulen und Akademie weitgehend durch die Industrie bestimmt werden sollten.

Thiessens Erwiderung: „Also ein einseitiger Totalitätsanspruch, wie er schärfer nicht vertreten werden kann außerhalb des Vatikans.

Meine Damen und Herren, so geht es nicht! Man gebe einem tüchtigen Bürokraten 3 Zeilen und 1 Holzhammer, und er wird damit viel Unheil anrichten. Bürokraten mit Holzhammer kommen auch bei uns vor. Die 3 Zeilen stehen hier. Stellen Sie sich vor, was man unter Umständen für Kämpfe zu bestehen hat, um das auszugleichen, was hier ohne Berücksichtigung der notwendigen Wechselwirkung zwischen Grundlagenforschung, ihrem Einfluß auf den Fortschritt und ihrer wechselseitigen Verbindung mit der Praxis niedergeschrieben worden ist. Ich denke das sollte man ändern".[5]

Hier gilt P. A. Thiessens so oft gebrauchte Mahnung an Vertreter der Forschung und Praxis: „Man soll sein Konto nicht überziehen". P. A. Thiessen konnte bei aller Ausgeglichenheit und Sachlichkeit seines Wesens, trotz seines diplomatischen Geschicks auch recht unduldsam werden, wenn er Wissenschaft und Forschung gefährdet glaubte. Er verfügte auch über sarkastische Töne, wenn es ihm notwendig erschien.

Als die Isotopentrennanlage für Uran 235 in der SU fertiggestellt war, stellte man fest, daß bei der Inbetriebnahme kein Uranhexafluorid am Ende der Diffusionsstrecke ankam. Eine hohe Kommission wurde zu einer Sitzung zusammengerufen, die auch die deutschen Spezialisten, darunter P. A. Thiessen, nach den möglichen Ursachen dieses Tatbestandes befragte. Nachdem sich P. A. Thiessen die ausführlichen Darlegungen aller Details über die Fabrikationsanlage angehört hatte und nach seiner Meinung gefragt wurde, sagte er: „Wissen Sie, meine Herren, all das ist ja sehr schön, aber wie einige von Ihnen vielleicht wissen, ist meine Frau Kinderärztin, die eine Zeitlang bei Prof. Sauerbruch gearbeitet hat. Sauerbruch aber hatte einen wichtigen Leitspruch: Keine Diagnose durch die Hose!"

Thiessen wurde sofort, nicht ohne Schmunzeln, verstanden und man traf sich wenig später erneut, – nun aber an der Fabrikationsstätte. Lieber Peter, verehrte Anwesende, diese Geschichten, diese Aphorismen lassen sich noch fortsetzen, aber, wie hieß es doch vorhin, man soll sein Konto nicht überziehen! Nur eines möchte ich noch erwähnen, daß Dich enge ehemalige Mitarbeiter als „ein Phänomen des Gedächtnisses" bezeichneten. Das ist sogar literaturkundig[6], und viele unter uns haben Proben dieses Phänomens erlebt.

Nimmt man alles nun in allem, dann trifft auch auf Dich die Meinung Emil Fischers zu: „Die Wissenschaft ist nichts Abstraktes, sondern als Produkt menschlicher Arbeit auch in ihrem Werdegang eng verknüpft mit der Eigenart und dem Schicksal der Personen, die sich ihr widmen".[7]

Lieber Peter, Du hast es in diesen Tagen sicher des öfteren gehört, aber ich sage es noch einmal: alle hier Anwesenden gratulieren Dir herzlich zum 90. Geburtstag und wünschen Dir alles, alles Gute und beste Gesundheit – ad multos annos! Über Geschenke und Wünsche sagte J. Ringelnatz einmal:

„Schenke groß oder klein,
Aber immer gediegen.
Wenn die Bedachten
Die Gaben wiegen,
Sei dein Gewissen rein.
Schenke herzlich und frei.
Schenke dabei
Was in dir wohnt
An Meinung, Geschmack und Humor.
So daß die eigene Freude zuvor
Dich reichlich belohnt.
Schenke mit Geist ohne List.
Sei eingedenk,
Daß dein Geschenk
Du selber bist."

Wir haben uns große Mühe gegeben, Ringelnatz's Forderung zu entsprechen, dies wäre aber gescheitert, wenn mir Deine Frau Christine, Dein Sohn Klaus, unser Mitglied G. Öhlmann und Prof. K. Meyer vom ZIPC nicht mit schönen Beiträgen geholfen hätten. Dafür möchte ich mich am heutigen Tage ganz herzlich bedanken.

---

6 Bilanz des zweiten Weltkrieges, Stelling-Verlag, Oldenburg-Hamburg 1953, S. 261. Russische Übersetzung erschienen in Moskau 1957, Verlag f. ausländ. Literatur, S. 350

7 E. Fischer, zit. in Ang. Chem. **98** (1986) 4, S. 297

Schließen möchte ich mit Wilhelm Busch aus „Schein und Sein“:

„Will das Glück nach seinem Sinn
Dir was Gutes schenken,
Sage Dank und nimm es hin
Ohne viel Bedenken.
Jede Gabe sei begrüßt,
Doch vor allen Dingen:
Das, worum Du Dich bemühst,
Möge Dir gelingen“.

ACADEMIA SCIENTIARVM
REI PVBLICAE
GERMANICAE DEMOCRATICAE

DOMINO ILLUSTRI

PETRO ADOLFO THIESSEN

SOCIO ORDINARIO
ANTE X IPSA LUSTRA COOPTATO
QUOD IN STUDIIS MAGNA MEMORANDAQUE
SOCIETATI ACADEMICAE USUI FECIT
SINCERE GRATULATUR

BEROLINI DIE XXIX MENSIS IUNII ANNO MCMLXXXIX

ACADEMIA SCIENTIARVM
REI PVBLICAE GERMANICAE DEMOCRATICAE

PRAESES ACADEMIAE

Glückwunschadresse der Akademie der Wissenschaften der DDR an Peter A. Thiessen anläßlich des fünfzigjährigen Jubiläums seiner Wahl zum Ordentlichen Mitglied der Akademie

Berlin, den 29. Juni 1989

Sehr geehrter, lieber Herr Thiessen!

Die Akademie der Wissenschaften der DDR bringt Ihnen herzliche Glückwünsche an dem Tag dar, an welchem Sie vor fünfzig Jahren zum Ordentlichen Mitglied der Akademie gewählt wurden. Ein wesentlicher Teil Ihres wissenschaftlichen Lebenswerkes ist eng mit den Arbeiten unserer Forschungseinrichtungen verknüpft. Es ist für mich eine besondere Ehre, Ihnen am Tage des Goldenen Jubiläums aufrichtig zu danken für all das, was Sie in dieser großen Zeitspanne für die Akademie geleistet haben. Wir schätzen und ehren Sie als einen weit über die Grenzen unseres Landes bekannten Forscher, der mit seinen Arbeiten nicht nur zur Bereicherung der Kenntnisse über die Naturgesetze, sondern vor allem auch zum Fortschritt der Gesellschaft beigetragen hat.

Nach dem Studium in Breslau, Freiburg und Greifswald widmeten Sie sich bereits in Ihrer Göttinger Studienzeit der physikalischen Chemie. Im Mittelpunkt Ihrer Arbeiten standen dabei Probleme kolloidaler Teilchen, feindisperse Verteilungen der Materie und das Verhalten realer Festkörper. Das geschah zu einer Zeit, als die Verbindung zwischen Kolloidforschung und dem Makroverhalten fester Körper sich erst in den Anfängen befand. In Ihrer Dissertation und in den anschließenden Arbeiten befaßten Sie sich zunächst vorwiegend mit Untersuchungen am kolloidalen Gold. Im Verlauf Ihres weiteren Wirkens wandten Sie sich dann ebenso erfolgreich dem Studium der Oxidhydrate zu.

Im Jahre 1935 wurden Sie zum Direktor des damaligen Kaiser-Wilhelm-Instituts für physikalische Chemie und Elektrochemie berufen. Hier fanden Sie ein Ihren wissenschaftlichen Ambitionen und Ihrer ausgeprägten Persönlichkeit entsprechendes Wirkungsfeld. Unter Ihrer Leitung wurde das Institut auf dem Gebiet der Strukturuntersuchung mit Röntgenstrahlung und Elektronenbeugung sowie der elektronenmiskroskopischen Arbeiten zu einer der modernsten Einrichtungen seiner Art in der Welt. Im Mittelpunkt Ihrer Forschungsarbeiten standen Festkörperreaktionen, Grenzflächenerscheinungen bei Kontaktprozessen, bei der Oberflächenbearbeitung und den Schmiervorgängen sowie die Aufklärung des Zusammenhangs zwischen Größe, Gestalt und Eigenschaften kolloidaler Materie.

Nach dem zweiten Weltkrieg stellten Sie sich dem Wiederaufbau in der Sowjetunion zur Verfügung. Sie bearbeiteten mit großem und anerkanntem Erfolg Probleme der Isotopentrennung und ihrer praktischen Anwendung für die Reaktortechnik.

Mitte der fünfziger Jahre kehrten Sie in die DDR zurück und wirkten hier maßgeblich bei der Bildung und Formierung der Forschungsgemeinschaft der naturwissenschaftlichen, technischen und medizinischen Institute der Akademie mit. Im Auftrag der Klasse Chemie, Geologie und Biologie unserer Akademie wurde unter Ihrer Leitung das Institut für physikalische Chemie in Berlin-Adlershof errichtet, aus dem dann das heutige Zentralinstitut für physikalische Chemie hervorging. Von 1957 bis 1964 wirkten Sie als Direktor dieses Institutes und legten außerordentlich wertvolle Forschungsergebnisse in der physikalischen Chemie und der Elektrochemie vor. Hauptgegenstände Ihrer Forschungsarbeiten waren Elementarvorgänge an Phasengrenzflächen und chemische Reaktionen bei mechanischer Beanspruchung, vor allem im Hinblick auf die Suche nach neuen Wirkprinzipien für eine praktische Anwendung in der chemischen Verfahrenstechnik. Besonders bedeutungsvoll sind die hierbei von Ihnen auf dem Gebiet der Grenzflächenmechanik fester Körper vorgelegten umfangreichen Forschungsresultate. Ihre Arbeiten zeigen uns deutlich, wie kühne Ideen zu fruchtbaren Ergebnissen führen können. Ihr akademischer Lehrer Zsigmondy unterstrich 1928 in Göttingen eine Aussage über Ihre Leistungen mit den treffenden Worten: „Diese ganz außerordentliche Vielseitigkeit seines Könnens und Wissens ist verbunden mit einem scharfen Blick für das Wesentliche eines Problems und einem genialen Instinkt für seine Lösungsmöglichkeiten. Beide Gaben vereinen das vielseitige Wissen und Können zur fruchtbaren Forschertätigkeit." Damit untrennbar verbunden ist Ihr ständiges Bemühen, Wissenschaft und Praxis als Einheit zu betrachten und die Wissenschaft stets in den Dienst des gesellschaftlichen Fortschritts unseres Landes zu stellen.

Große und bleibende Verdienste erwarben Sie sich nach der Bildung des Forschungsrates der DDR als sein langjähriger Vorsitzender und heutiger Ehrenvorsitzender. Durch Ihre Aufgeschlossenheit für alles Neue und Zukunftsträchtige in Wissenschaft und Technik, durch Ihren hohen Anspruch an die eigenen schöpferischen Beiträge wurden Sie Generationen unserer jüngeren Wissenschaftler zum Vorbild. Eine Würdigung Ihres Wirkens wäre unvollkommen ohne Hervorhebung Ihres unermüdlichen Eintretens gegen den Mißbrauch wissenschaftlicher Erkenntnisse, für den Frieden und den Fortschritt der menschlichen Gesellschaft.

Sie können heute mit Genugtuung auf eine lange Wegstrecke mit vielen bedeutenden wissenschaftlichen Erfolgen zurückblicken. Zahlreiche hohe Ehrungen zeugen von der Anerkennung Ihres Wirkens. Sie sind Auswärtiges Mitglied der Akademie der Wissenschaften der UdSSR, Doctor rerum naturalium honoris causa der Ernst-Moritz-Arndt-Universität Greifswald und der Humboldt-Universität zu Berlin und Träger weiterer hoher Auszeichnungen des In- und Auslandes, darunter des Lenin-Ordens, des Karl-Marx-Ordens, des Vaterländischen Verdienstordens in Gold, des Nationalpreises für Wissenschaft und Technik und des Großen Sterns der Völkerfreundschaft.

Die Akademie der Wissenschaften ist stolz darauf, Sie zu Ihren Mitgliedern zählen zu dürfen. Für Ihre insbesondere in unserer Akademie erbrachten hervorragenden Leistungen und Verdienste wurden Sie mit der Helmholtz-Medaille und der Ehrenspange der Akademie der Wissenschaften der DDR geehrt. Möge es Ihnen noch lange vergönnt sein, sich an dem Fortwirken der von Ihnen ausgegangenen Gedanken und Ideen zu erfreuen.

In aufrichtiger Verbundenheit
Ihr

Werner Scheler

ISBN 3-05-500 822-7
ISSN 0138-3965

Kolibri 360 GmbH
Ferdinand-Jühlke-Straße 7
99095 Erfurt, Deutschland
produktsicherheit@kolibri360.de